Clarissa Philippi

Einsatz von Bio-Lebensmitteln in der Mahlzeitengestaltung von Kindertagesstätten

GRIN Verlag

Impressum:

Copyright © 2011 GRIN Verlag, Open Publishing GmbH
Druck und Bindung: Books on Demand GmbH, Norderstedt Germany
ISBN: 978-3-640-85185-0

Dieses Buch bei GRIN:

http://www.grin.com/de/e-book/168263/einsatz-von-bio-lebensmitteln-in-der-
mahlzeitengestaltung-von-kindertagesstaetten

Einsatz von Bio-Lebensmitteln in der Mahlzeitengestaltung von Kindertagesstätten

Hausarbeit im Modul BPB01 Versorgungs-
management

Wintersemester 2010/2011

**Institut für Wirtschaftslehre des Haushalts
und Verbrauchsforschung**

Professur für Management personaler
Versorgungsbetriebe

Verfasst von

Clarissa Philippi

5. Semester Bacholor of Science
Oecotrophologie

Abgabedatum: 01.02.2011

Inhaltsverzeichnis

AHS	Außer-Haus-Verpflegung
BLE	Bundesanstalt für Landwirtschaft und Ernährung
BMELV	Bundesministerium für Ernährung, Landwirtschaft und Verbraucherschutz
bzw.	beziehungsweise
EU	Europäische Union
GV	Gemeinschaftsverpflegung
kg	Kilogramm
Kita	Kindertagesstätte
o.g.	oben genannt
ÖGS	Ökologischer Großküchen Service
u.a.	unter anderem
vgl.	vergleiche
Vzfbdww	Verein zur Förderung der biologisch-dynamischen Wirtschaftsweise
WE	Wareneinsatz
z.B.	zum Beispiel

Abbildungsverzeichnis

Tabellenverzeichnis

Anlagenverzeichnis

Da immer mehr Mütter halb- oder ganztags arbeiten gehen, soll in Zukunft jedem Kind ein Platz in einer Kindertagesstätte (Kita) zustehen. Viele dieser Kinder werden in der Kita mit einer warmen Mittagsmahlzeit und Zwischenmahlzeiten versorgt. Daher spielt die Kita eine wichtige Rolle in der Entwicklung von Ernährungsgewohnheiten und kann dies als Chance nutzen, Grundbausteine für eine gesunde und nachhaltige Ernährungsweise zu legen.

Da Kinder sich in einer körperlichen und geistigen Wachstumsphase befinden, ist eine optimale Versorgung mit Nährstoffen wichtig und es sollten ihnen vollwertige Lebensmittel zur Verfügung stehen. Doch auch das Wissen über Lebensmittel, zum Beispiel (z.B.) das Kennenlernen von Produktionsketten verschiedener Lebensmittel und was es bedeutet nachhaltige Lebensmittel zu konsumieren, sollte mehr gefördert werden. Viele Eltern wünschen sich zwar eine gesunde Ernährung für ihre Kinder, doch oft scheitert die Umsetzung einer Speiseplanumstellung auf Bio-Produkte an den befürchteten Mehrkosten (vgl. BLE und aid 2006, S. 5).

Das Thema Bio-Lebensmittel wirft viele Fragen auf:

- Machen Bio-Lebensmittel in Kitas Sinn?

- Welche Vor- und Nachteile haben Bio-Lebensmittel?

- Wie kann man sie im Speiseplan integrieren oder wie können Mehrkosten vermindert werden?

In der folgenden Hausarbeit sollen diese Fragen beantwortet werden. Im zweiten Kapitel wird die Kita in die Außer-Haus-Verpflegung eingeordnet. Anschließend (Kapitel 3) wird der biologische Landbau beschrieben, sowie seine Richtlinien und Ziele erläutert. Ferner werden Möglichkeiten zum Einsatz der Bio-Lebensmittel vorgestellt. Anschließend werden in Kapitel 4 wirtschaftliche Aspekte in Bezug auf die Mehrlosten in der Kita analysiert. Abschließend werden die Ergebnisse zusammengefasst und ein Fazit gegeben.

Ziel dieser Hausarbeit ist es, Unterschiede zwischen ökologischem und konventionellem Landbau zu verdeutlichen und Möglichkeiten aufzuzeigen, trotz leichter Mehrkosten, Bio-Lebensmittel in der Versorgung von Kindertagesstätten zu ermöglichen.

Gemeinschaftsverpflegung (GV) ist ein Teilbereich der Außer-Haus-Verpflegung (AHV). Die AHV ist eine Verpflegungsdienstleistung, die außerhalb des Privathaushalts zubereitet wird (vlg. Steinel 2008, S.11). AHV gliedert sich zum einen in die Individualverpflegung, zum anderen in die Gemeinschaftsverpflegung. Zur Individualverpflegung gehören Gastronomie und Gaststätten, wo für individuelle Personen individuelle Speisen zu individuellen Zeiten zubereitet werden. Zur GV zählt man Betriebe und Anstalten, wo Speisen für definierte Personengruppen in bestimmten Lebenssituationen zubereitet werden (vgl. Steinel 2008, S.14, Abb.1.2).

Gastronomie wird von Unternehmern nach betriebswirtschaftlichen Regeln zum Zweck der Gewinnerzielung betrieben, Gemeinschaftsverpflegung dagegen hat eine von vornherein feststehende Zielgruppe und das Angebot ist auf die Bedürfnisse und Möglichkeiten dieser Zielgruppe zugeschnitten (vlg. Kreutzer 2003, S. 21).

GV ist besonders von der Gleichartigkeit des jeweils aktuellen Angebots geprägt. Vielseitigkeit und Abwechslung sind damit keineswegs ausgeschlossen, treten aber vielmehr im täglichen Wechsel des Angebots in Erscheinung, als in der Breite der Wahlmöglichkeiten zu einem bestimmten Zeitpunkt (vgl. Kreutzer 2003, S. 20). Die Versorgung kann sich dabei auf einzelne Mahlzeiten oder alle Tagesmahlzeiten beziehen (vgl. Zobel u.a. 2000, S. 133). GV ist immer an eine übergeordnete Organisationsform gebunden, deren Mitglieder auch die Zielgruppe der jeweiligen GV-Einrichtung darstellen. Als GV-Einrichtung bezeichnet man Stätten, an denen GV angeboten wird (vgl. Kreutzer 2003, S. 20). So kann man die GV zum Beispiel nach Institutionen einteilen, denen die jeweilige GV-Einrichtung angehört: Bildungs- und Freizeitstätten, Anstalten, Unternehmen und Betriebe.

Unter Bildungs- und Freizeitstätten versteht man unter anderem (u.a.) Schulen, Hochschulen sowie Jugendherbergen, mit Anstalten sind Heime aller Art, Krankenhäuser und Pflegeeinrichtungen gemeint. Unter Unternehmen und Betrieben werden alle Betriebe aus dem Industrie-und Dienstleistungssektor zusammengefasst (vgl. Bober 1990, S. 13). Diese Institutionen werden auch GV-Anbieter oder Träger genannt, da sie die übergeordnete Verantwortung für die Durchführung der Versorgung übernehmen und auch für den aus der GV-Einrichtung entstehenden Verlust aufkommen müssen.

Letztendlich gibt es noch den Betreiber der GV-Einrichtung, unter dem man die verantwortliche Organisation und deren Repräsentanten versteht, die sich in der konkreten GV-Einrichtung mit der physischen Bereitstellung von GV beschäftigt. Betreiber sind z.B. Caterer, Pächter oder Abteilung „Betriebsverpflegung" und deren Leiter, wenn die GV-Einrichtung in Eigenregie betrieben wird (vgl. Kreutzer 2003, S. 20). Bei der oben genannten (o.g.) Typologie wird zuerst nach dem Merkmal Institution eingeteilt und anschließend nach Alter, Tätigkeit und Gesundheitszustand unterschieden (vgl. Bober 1990, S. 13 f.). Je nach Institution und Zielgruppe werden die Aufgaben und Ziele der GV spezifisch angepasst. Wichtig für alle Teilnehmer ist die ausreichende Energie- und Nährstoffversorgung, welche zur Sättigung und Erhaltung, beziehungsweise (bzw.) Verbesserung des Gesundheitszustandes führen soll (vgl. Bottler u.a. 1983, S. 1). Sowohl die Reproduktion der Leistungsfähigkeit, als auch die Erhöhung der Leistungsbereitschaft sind Ziele, die mit einer ausgewogenen Ernährung erreicht werden sollen (vgl. Zobel u.a. 2000, S. 134). Auch die psychische Regeneration, die über Entspannung, Essensfreude und Förderung der Kommunikation reicht, steht im Vordergrund, um das Wohlbefinden der Essensteilnehmer zu erhöhen (vgl. Bottler u.a. 1993, S. 9 f). Die GV hat somit indirekt auch Einfluss auf das Arbeitsklima und auf die Arbeitsproduktivität der Teilnehmer (vgl. Zobel u.a. 2000, S. 134). Die GV-Einrichtung ist weiterhin an der Vermittlung von Ess-Kompetenz und Ess-Kultur beteiligt, wozu auch die Ernährungserziehung und -bildung gehören (vgl. Bottler u.a. 1983, S. 1). Die GV soll ein „beispielgebendes Modell für eine gesundheitlich zweckmäßige, schmackhafte und vollwertige Ernährung" darstellen (vgl. Zobel u.a. 2000, S. 134).

Dies spielt besonders in der Verpflegung in Kitas eine wichtige Rolle, denn die körperliche und geistige Entwicklung hängt maßgeblich von der Ernährung ab. Vor allem ein ernährungsphysiologisch wertvolles Mittagessen nimmt im Hinblick auf die Gesundheitsförderung und -erhaltung eine wichtige Position ein (vgl. DGE 2007). Da rund 152.000 Kinder unter 3 Jahren und 529.000 Kinder zwischen 3 und 6 Jahren ganztags betreut werden und in der Kita das Mittagessen und zum Teil auch eine weitere Mahlzeit einnehmen, bestimmt das Essensangebot der Einrichtung maßgeblich den Ernährungs- und Gesundheitszustand der Kinder und prägt ihre Essgewohnheiten (vgl. AID 2008, S. I 3). Daher kann man bereits in der Kita durch eine ausgewogene und gesunde Ernährung einen großen Einfluss auf die Ernährungsbildung der Kinder nehmen und so eine mögliche Fehlernährung im Jugend- und Erwachsenenalter vorbeugen. Doch auch die Eltern müssen diesbezüglich eingebunden werden, denn gesundheitserhaltendes und –förderndes Ernährungsverhalten bei Kindern kann nur aufgebaut und gestärkt werden, wenn Eltern und Kita „an einem Strang ziehen" (vgl. AID 2008, S. I 6).

3   Biologische Lebensmittel in der Kindertagesstätte

Biologische Lebensmittel werden nicht nur im Lebensmitteleinzelhandel (LEH) seit einigen Jahren verstärkt angeboten bzw. von den Verbrauchern nachgefragt, auch in Gastronomie und GV wächst die Nachfrage nach ökologisch erzeugten Lebensmitteln. Die Gründe für die wachsende Nachfrage von GV-Betrieben und Restaurants sind dabei vielfältig: Zum einen wünschen sich viele Gäste diese Produkte, da sie als gesund und umweltfreundlich gelten, zum anderen profilieren sich viele Küchen mit ihrem Bio-Angebot (vgl. BLE und aid 2006, S. 5). Doch trotz des besseren Geschmacks, der geringeren Umweltbelastung und der artgerechten Tierhaltung erweisen sich die Preisunterschiede zwischen ökologisch erzeugten Produkten und konventionellen Vergleichsprodukten häufig als Hindernis (vgl. Dialogpartner Agrar-Kultur 1997, S. 13). Im Folgenden werden zunächst die Begriffe des ökologischen Landbaus definiert und anschließend der Einsatz in der Kita betrachtet.

3.1   Produktion von biologischen Lebensmitteln

Bio-Lebensmittel werden ausschließlich nach den Grundsätzen des ökologischen Landbaus produziert (vgl. Laberenz u.a. 2001, S. 3). Der ökologische Landbau hat sich aus unterschiedlichen Weltanschauungen und agrarpolitischen Motivationen entwickelt. Gemeinsames Anliegen aller ist es, gesunde, unbelastete und schmackhafte Lebensmittel zu erzeugen, zu produzieren und dabei die natürlichen Ökosysteme zu schonen. Der Hauptgedanke der ökologischen Landwirtschaft ist ein Wirtschaften im Einklang mit der Natur. Der landwirtschaftliche Betrieb wird dabei vor allem als Organismus mit den Bestandteilen Mensch, Tier, Pflanze und Boden gesehen. Angestrebt wird bei den ökologischen Landbaumethoden die Gewährleistung eines möglichst geschlossenen betrieblichen Nährstoffkreislaufs, die Erhaltung der Bodenfruchtbarkeit und die artgerechte Haltung bzw. der artgerechte Transport der Tiere (vgl. BMELV a 2009, online). Im ökologischen Landbau wird auf chemisch-synthetischen Pflanzenschutz verzichtet. Stattdessen wird durch eine vielseitige Fruchtfolge, die Förderung von Nützlingen, geeignete Sortenwahl und andere Präventiv-maßnahmen die Gesundheit der Pflanzen gefördert (vgl. Dialogpartner Agrar-Kultur 1997, S. 15). Durch den Verzicht auf Pestizide und das Pflegen von Bio-topen trägt der ökologische Landbau zusätzlich zur Erhaltung der Artenvielfalt bei und schützt das Grundwasser vor Nitratbelastung sowie Pestizideintrag. Außerdem leistet er einen Beitrag zum Klimaschutz, weil im Vergleich zum kon-ventionellen Landbau weniger Treibhausgase produziert werden (vgl. Dialog-partner Agrar-Kultur 1997, S. 19). Der Pflanzenbau ist mit der Tierhaltung eng gekoppelt. Die Tiere werden weitgehend mit selbsterzeugten Futtermitteln aus ökologischem Anbau gefüttert und Pflanzen werden mit dem Dung aus der Tierhaltung mit Nährstoffen versorgt (vgl. Dialogpartner Agrar-Kultur 1997, S.20).

Der ökologische Landbau entstand bereits in den 1920er Jahren, denn Men-schen aus dem Umfeld der anthroposophischen und der Lebensreformbewe-gung suchten Auswege aus der sich in der Landwirtschaft anbahnenden ökolo-gischen Krise. Der intensive Einsatz chemisch-synthetischer Betriebsmittel und der ökonomische Zwang zur Produktivitätssteigerung durch Spezialisierung und Rationalisierung waren die Ursache für zum Teil erhebliche, negative Umwelt-wirkungen der Landwirtschaft. Die Lebensreformbewegung wollte zurück zu einer natürlichen und nachhaltigen Wirtschaftsweise, weshalb 1924 der biolo-gisch-dynamische Landbau entstand. Dieser zeichnet sich dadurch aus, dass biologisch-dynamische Präparate eingesetzt werden, die Haltung von Wieder-käuern obligatorisch ist, kosmische Rhythmen beachtet werden und die Anthro-posophie als Grundlage dient (vgl. BÖLW 2009, S.6). Der einzige Bio-Verband, der heute noch der biologisch-dynamischen Landwirtschaft angehört ist Deme-ter. Später ging aus dem biologisch-dynamischen und dem natürlichen Landbau der Lebensreformbewegung der organisch-biologische Landbau hervor. Beson-deres Augenmerk wird hier auf den Kreislauf der lebendigen Substanz gelegt, der durch die Glieder der Nahrungskette eingehalten wird. Somit entsteht ein Kreislauf, der mit den Pflanzen, die im Boden wachsen, beginnt. Über die Tiere und Menschen kommen die organischen Substanzen wieder im Boden an und der Kreislauf startet von Neuem (BÖLW 2009, S. 22).

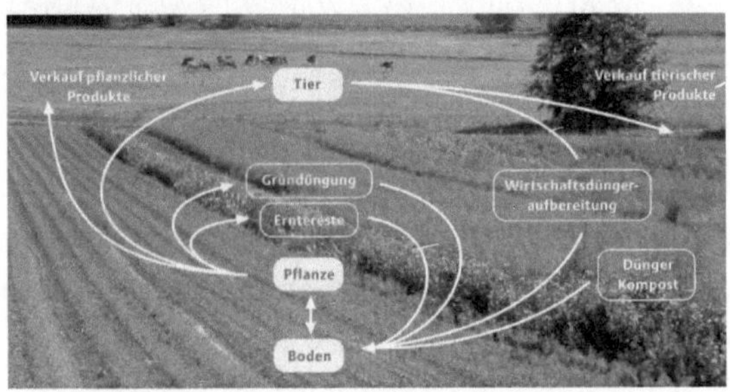

Abbildung 1: Düngung im Ökologischen Landbau
(Quelle: BÖLW 2009, S. 23)

Bioland ist der erste Verband, der sich aus dem organisch-biologischem Landbau in den 70er Jahren gründete (vgl. BÖLW 2009, S. 6 f.). Nach und nach entstanden weitere Bio-Verbände. Zu den heute in Deutschland existierenden Einzelverbänden gehören Biokreis, Anog, Naturland, Gäa, Biopark, Ecovin, Ökosiegel sowie die o.g. Verbände Demeter und Bioland. Diese neun Verbände haben sich in der Arbeitsgemeinschaft ökologischer Landbau (AGÖL) zusammengeschlossen. Alle Bio-Landwirte müssen sich an die gesetzlichen Mindestrichtlinien der EG-Öko-Verordnung halten. Haben sie sich einem Verband angeschlossen, gelten zusätzliche strengere Richtlinien für ihre Lebensmittelproduktion (vgl. aid 2001, S. 9 f.).

Die Richtlinien und Anforderungen an den ökologischen Landbau werden in den nächsten zwei Kapiteln näher erläutert.

3.1.1 EG-Öko-Verordnung

Nachdem die Forderungen nach einer Gesetzgebung für Biolebensmittel seit den 80er Jahren immer lauter wurden, einigten sich die Mitglieder der Europäischen Gemeinschaft im Jahr 1991 auf eine einheitliche Gesetzgebung (vgl. Dialogpartner Agrar-Kultur 1997, S. 27). Seit 1993 gilt für alle Länder der europäischen Union (EU) die Verordnung (EWG) Nr. 2092/91 vom 24. Juni 1991 über den ökologischen Landbau und die entsprechende Kennzeichnung der landwirtschaftlichen Erzeugnisse und Lebensmittel, kurz EG-Öko-Verordnung. Sie besagt, dass alle Produkte, in allen Ländern der EU, die mit den Begriffen „biologisch" und „ökologisch" gekennzeichnet sind, nach den Richtlinien dieser Verordnung produziert sein müssen (vgl. BLE und aid 2006, S. 58). Bis 1999 galt diese Verordnung nur für pflanzliche Lebensmittel, inzwischen wurde die Verordnung um Richtlinien für tierische Lebensmittel, dem Verbot zum Einsatz von Gentechnik, sowie Regelungen für die ökologische Tierproduktion erweitert. Ziele der EG-Öko-Verordnung sind der Schutz des ökologischen Landbaus, die Sicherstellung des lauteren Wettbewerbs zwischen den Bio-Herstellern von derart gekennzeichneten Erzeugnissen und die Steigerung des Vertrauens beim Verbraucher (vgl. Flemmer 2008, S. 17). Die Verordnung regelt neben der Erzeugung der Öko-Produkte auch deren Kennzeichnung, Verarbeitung und Vermarktung, sowie die Einfuhr von ökologischen Produkten in die EU.

Bio-Lebensmittel werden im Einklang mit der Natur produziert. Dies berücksichtigt auch die EG-Öko-Verordnung. Bei der tierischen Landwirtschaft steht die artgerechte Tierhaltung im Vordergrund, welche sich nach den Bedürfnissen der jeweiligen Tierart richtet. Den Tieren müssen genug Platz und Bewegungsmöglichkeiten zur Verfügung stehen. Somit sind beispielsweise Käfighaltung bei Hühnern und Einzelhaltung von Kälbern in Mastboxen ausgeschlossen. Die Ställe der Tiere müssen tageslichtdurchflutet sein, um möglichst natürliche Umstände zu schaffen. Ferner ist die maximale Anzahl der Weidetiere pro Fläche genau festgelegt, damit Gülle und Mist nicht im Überschuss entstehen. Folglich dürfen z.B. nur zwei Milchkühe pro Hektar und Jahr gehalten werden oder 14 Mastschweine pro Hektar und Jahr (vgl. BMELV c 2010, online). Die Futtermittel für die Tiere müssen zu mindestens 50% auf dem eigenen Hof produziert werden. Der Restanteil darf durch Futter aus ökologischem Anbau hinzugekauft werden. Ferner kann bei Nicht-Wiederkäuern bis zu 15% konventionell hergestelltes Futtermittel hinzugefügt werden (vgl. Flemmer 2008, S. 23).

Das Leben der Tiere soll möglichst ohne Stress ablaufen. Dies gilt für das Leben auf dem Hof, aber auch für die Schlachtung und den Weg zum Schlachthof. Stromstöße für den Antrieb und Beruhigungsmittel vor und während des Transportes sind verboten. Kurze Wege zum Schlachthof sind daher vorgesehen (vgl. Flemmer 2008, S. 23).

Bei der pflanzlichen Produktion wird auf chemisch-synthetische Schädlingsbekämpfungsmittel, Wachstumsregler, künstliche Stickstoffdünger und Gentechnik ganz verzichtet (vgl. Flemmer 2008, S. 14). Stattdessen wird durch eine vielseitige Fruchtfolge, die Förderung von Nützlingen, geeignete Sortenwahl und andere Präventivmaßnahmen die Gesundheit der Pflanzen gefördert (vgl. Dialogpartner Agrar-Kultur 1997, S. 15). Die Stickstoffversorgung der Böden von Öko-Betrieben erfolgt, anders als bei konventionellen Betrieben, nicht durch mineralische Stickstoffdünger, sondern durch organischen Dünger (z.B. Mist, Gülle) und durch Leguminosen (z.B. Klee). Leguminosen binden mit Hilfe von Bakterien und Sonnenenergie den Stickstoff aus der Luft und führen ihn dem Boden zu (vgl. Dialogpartner Agrar-Kultur 1997, S. 15).

Bisher wurden in Bezug auf die Ziele des ökologischen Landbaus zunächst der Pflanzenbau und die Tierhaltung beleuchtet, doch auch bei der Weiterverarbeitung der Produkte gibt es einige Vorschriften, die nach der EG-Öko-Verordnung eingehalten werden müssen. Hier steht die werterhaltende Verarbeitung der Erzeugnisse im Mittelpunkt, d.h. es wird auf problematische Verfahren wie z.B. Bestrahlung und Gentechnik verzichtet (vgl. Dialogpartner Agrar-Kultur 1997, S. 24). Auch auf Zusatzstoffen wie z.B. Nitritpökelsalz sollte verzichtet werden. Das bedeutet, dass Natriumnitrit und Kaliumnitrat nur bei der Öko-Wurstherstellung verwendet werden dürfen, wenn der zuständigen Behörde glaubhaft nachgewiesen wurde, dass es keine technologischen Alternativen gibt, die Eigenschaften des Produkts zu erhalten. Ferner gelten bestimmte Richtwerte für die Zugabe und Höchstwerte für die Rückstände im Produkt (vgl. Kontrollverein ökologischer Landbau e.V. 2010, online). Die Liste der Zusatzstoffe, die bei der Bearbeitung von Bio-Lebensmitteln verwendet werden dürfen, ist auf 52 Stoffe, im Vergleich zu 316 in der konventionellen Produktion, beschränkt. Bio-Lebensmittel dürfen nur als solche deklariert werden, wenn nicht mehr als fünf Prozent konventionelle Zutaten darin enthalten sind. Darüber hinaus müssen Waren mit bis zu 30 Prozent konventioneller Nahrungsmittel, diesen Anteil prozentual ausweisen. Übersteigt der Fremdanteil 30 Prozent, darf die Ware nicht mehr als Bio-Produkt deklariert werden (vgl. Flemmer 2008, S. 19).

Von staatlich zugelassenen Kontrollstellen wird überprüft, ob sich jeder Bio-Bauer an die Richtlinien der EG-Öko-Verordnung sowie an die jeweiligen Verbandsvorschriften hält, sofern einem Verband angehörig. Dies geschieht einmal im Jahr und wird von diplomierten Agraringenieuren oder Landwirtschaftsmeistern durchgeführt. Es werden Buchhaltung, Felder und Ställe kontrolliert, aber auch die Verarbeiter, Lieferanten und Anbieter der Bio-Produkte. Die Kontrollen können zusätzlich auch unangemeldet stattfinden und um sicherzustellen, dass die Kontrollen sachgemäß durchgeführt werden, wird der Prüfer spätestens nach vier Jahren ausgewechselt (vgl. Flemmer 2008, S.27).

Die Kennzeichnung der Bio-Produkte erfolgt über das staatliche Bio-Siegel, das EU-Siegel, die Zeichen der Anbauverbände und das IFOAM-Zeichen. Die wichtigste Bezeichnung ist jedoch die Öko-Kontrollstelle. Auf der Verpackung muss die Codenummer und/oder der Name der zuständigen Kontrollstelle angegeben werden. Für Bio-Produkte, die in Deutschland kontrolliert werden, lautet die Kennzeichnung DE-0XX-Öko-Kontrollstelle (vgl. Flemmer 2008, S. 20).

Abbildung 2: Kontrollstellennummer eines Bio-Produkts
(Quelle: Bio-mit-Gesicht, online)

Da diese Kennzeichnung jedoch oft erst auf den zweiten Blick zu erkennen ist, werden zahlreiche Logos verwendet. Das staatliche Bio-Siegel signalisiert, dass das jeweilige Produkt gemäß der EG-Öko-Verordnung hergestellt wird und den entsprechenden Kontrollstellenvermerk trägt. Die Nutzung ist freiwillig (vgl. Frühschütz (a), online).

Abbildung 3: Deutsches Bio-Siegel	*Abbildung 4: Neues EU-Bio-Siegel*
(Quelle: Ökolandbau 2006, online)	*(Quelle: BMELV b 2010, online)*

Auch das EU-Bio-Siegel garantiert, dass die so gekennzeichneten Produkte nach den Anforderungen der EG-Öko-Verordnung produziert wurden.

3.1.2 Richtlinien der Bio-Anbauverbände

Zu den Bio-Anbauverbänden in Deutschland zählen Demeter, Bioland, Biokreis, Anog, Naturland, Gäa, Biopark, Ecovin und Ökosiegel. In diesen Anbauverbänden ist ein Großteil der Bauern, die ökologisch wirtschaften, organisiert. Es handelt sich um mehr als 10.000 Betriebe (vgl. Biokost.Info 2007, online). Ihre Richtlinien für den Anbau und die Verarbeitung ökologischer Produkte gehen über die gesetzlichen Bestimmungen der EG-Öko-Verordnung hinaus. Vor allem bei der Umstellung eines Betriebes auf ökologische Landwirtschaft gibt es Unterschiede. Während die EG-Öko-Verordnung auch die teilweise Umstellung eines landwirtschaftlichen Betriebes auf ökologische Produkte erlaubt, muss ein Betrieb nach den Richtlinien der deutschen Anbauverbände seine Bewirtschaftung vollständig umstellen (vgl. BLE und aid 2006, S. 58). Diese Richtlinien werden von staatlich überwachten, privaten Kontrollstellen überprüft. Beim ökologischen Anbauverband Bioland muss im Sommer mehr als 50 Prozent Grünfutter gefüttert werden, die EG-Öko-Verordnung schreibt dagegen keinen Mindestanteil vor. Das Futter bei den Bio-Verbänden muss zudem mindestens zur Hälfte vom eigenen Hof stammen, die EU befürwortet dies zwar, schreibt es jedoch nicht zwingend vor (vgl. Flemmer 2008, S. 23).

Die Anzahl der gehaltenen Tiere ist bei den Bio-Verbänden ebenso strenger begrenzt. So dürfen nur zehn anstelle der wie in 3.1.1 beschrieben 14 Mastschweine pro Hektar und Jahr gehalten werden und nur 140 statt 230 Hennen. Bei den Hähnchen dürfen laut EG-Öko-Verordnung bis zu 580 Tiere gehalten werden, wenn ein Bauer einem Verband angehört, darf er nur 280 Hähnchen halten (vgl. Flemmer 2008, S. 23). Die EU erlaubt den Zukauf von organischen Stickstoffdüngern bis zu 170 Kilogramm (kg) pro Hektar und Jahr, die Bioverbände beschränken sich auf 40 bis 112 kg, je nach Verband. Der Stress der Tiere bei Transporten soll auf ein Minimum reduziert werden, doch die EG-Öko-Verordnung schreibt lediglich vor, dass die in den Mitgliedsstaaten geltenden Gesetze für Tiertransporte eingehalten werden müssen. In Deutschland darf ein solcher Transport höchstens acht Stunden dauern, die Tiere dürfen nicht mit Stromstößen getrieben werden und nicht mir Beruhigungsmitteln behandelt werden (vgl. vzfbdww, online). Die Bio-Verbände sind hier strenger, die maximale Transportentfernung liegt bei 200 Kilometern.

Weitere Unterschiede gibt es bei der Verwendung von Zusatzstoffen. In der EG-Öko-Verordnung sind 52 Zusatzstoffe, sowie Enzyme zulässig. Bei machen Bio-Anbauverbänden sind dagegen nur bis zu 20 Zusatzstoffe erlaubt und Enzyme nur produktspezifisch zugelassen. Ferner sind bei machen Verbänden bestimmte Verarbeitungsverfahren, wie z.B. die Ultrahocherhitzung von Milch oder die Mikrowellenerhitzung, nicht zugelassen (vgl. Von Koerber 2004, S. 154).

Ob die Verbandsbauern diese strengen Richtlinien einhalten, wird jährlich überprüft. Neben den gesetzlichen Kontrollen muss sich jeder Verbandsbauer einer weiteren, verbandsinternen Kontrolle unterziehen. Nur wenn alle verbandsinternen bzw. gesetzlichen EU-Vorschriften eingehalten werden, darf ein ökologisch wirtschaftender Betrieb seine Produkte als „ökologisch" bzw. „biologisch" vermarkten (vgl. Von Koerber 2004, S. 154).

3.2 Vor- und Nachteile von biologischen Lebensmitteln

Man hört immer wieder, dass biologisch angebaute Lebensmittel in punkto Gesundheit klare Vorteile haben. Doch streng wissenschaftliche gesehen, lässt sich nicht beweisen, dass Menschen, die nur Produkte aus ökologischem Anbau essen, gesünder sind. Denn die dafür notwendigen Langzeitstudien sind sehr zeit- und kostenintensiv. Doch es gibt erste Hinweise auf eine positive gesundheitliche Wirkung, denn eine niederländische Studie fand heraus, dass Kleinkinder, die Biomilch statt konventioneller Milch tranken, seltener an allergischen Hauterkrankungen leiden (vgl. Frühschütz (b), online). Bio-Obst und Bio-Gemüse weist einen höheren Gehalt an sekundären Pflanzenstoffen auf und zum Teil auch höhere Mengen an Vitamin C. Zu den sekundären Pflanzenstoffen gehören z.B. Cannabinoide, aber auch Carotinoide, Anthocyane und Flavonoide, die eine positive, antikanzerogene Wirkung haben (vgl. Flemmer 2008, S.50). Da Bio-Erzeugnisse nicht durch chemische Mittel vor Fressfeinden und Krankheitserregern geschützt sind, bilden sie mehr Antioxidantien, um sich selbst zu schützen. Ferner nehmen konventionell gedüngte Pflanzen mehr Wasser auf, wodurch sich der Gehalt an Nährstoffen verdünnt (vgl. Frühschütz (b), online). Wissenschaftlich nachweisbar ist ebenfalls, dass der Schadstoffgehalt biologisch angebauter Lebensmittel wesentlich geringer ist als der von konventionellen Lebensmitteln. Diese Schadstoffe muss man nun jedoch weiter differenzieren. Bio-Erzeugnisse haben nachweislich einen deutlich niedrigeren Gehalt an Nitrat und chemisch-synthetischen Pestiziden. Pestizide stehen im Verdacht krebserregend zu sein und haben einen negativen Einfluss auf das Hormonsystem (vgl. Flemmer 2008, S. 40). Paradox ist, dass Pestizide, die in Deutschland verboten, jedoch in anderen EU-Ländern zugelassen sind, bei uns verkauft werden dürfen. Dies besagt ein Zusatz im Lebensmittel- und Bedarfsgegenständegesetz. Das bedeutet, dass Tomaten aus EU-Ländern, die z.B. das Pilzgift Chlorthalonil in Konzentrationen bis ein Milligramm pro kg enthalten und somit nach dem deutschen Lebensmittelrecht nicht verkehrsfähig sind, trotzdem bei uns verkauft werden dürfen (vgl. Flemmer 2008, S. 46).

Nitrat, eine Verbindung aus Stickstoff und Sauerstoff, wird von Pflanzen zum Aufbau von Proteinen benötigt. Durch den massiven Einsatz von stickstoffhaltigen Mineral- und Naturdünger gelangt Nitrat in die Böden und wird von den Pflanzen akkumuliert. Bei einem Überangebot können Pflanzen das Nitrat jedoch nicht mehr speichern und es gelangt ins Grundwasser. Nitrat an sich ist für Erwachsene relativ harmlos, doch sein Abbauprodukt Nitrit ist toxisch. Reagiert Nitrit z.B. mit dem Eisenatom des Hämoglobins, wird dies zu Methämoglobin oxidiert und verliert damit seine Fähigkeit zum Sauerstofftransport. Daher ist Nitrit vor allem für Säuglinge toxisch, da bei ihnen das Enzym Methämoglobinreduktase, welches Methämoglobin wieder zu Hämoglobin reduziert, noch wenig aktiv ist (vgl. Belitz 2008, S. 506).

Doch wie oben bereits angedeutet, gibt es auch Schadstoffe die in beiden, der konventionellen und der ökologischen Anbaumethode, in fast gleichen Konzentrationen vorkommen. Es handelt sich dabei um Schwermetalle oder um schwerabbaubare Chlorchemikalien wie Dithiothreitol (DTT) und Polychlorierte Biphenyle (PCB). Sie finden sich in Spuren in der gesamten Umwelt und gelangen damit auch in Bio-Produkte (vgl. Frühschütz (b), online).

Bio-Lebensmittel sind somit nicht vollkommen frei von Schadstoffen, doch im Vergleich zu konventionellen Lebensmitteln ist die Konzentration hier deutlich niedriger. Der Gehalt an Nitrat und anderen Inhaltsstoffen im Bio-Gemüse hängt außerdem sehr stark von der Anbauform ab. Im Gewächshaus entstehen mehr schädliche Stoffe, als im Freien. Daher empfiehlt es sich, Saisongemüse aus Freilandproduktion zu verzehren. Doch nicht nur über Obst und Gemüse nimmt man Schadstoffe auf. Fleisch aus Massentierhaltung enthält Antibiotika, was eine große Gefahr für das Auftreten resistenter Keime ist (vgl. Flemmer 2008, S.52). Das Problem bei der Massentierhaltung ist, dass z.B. möglichst viele Schweine möglichst schnell ihr Schlachtgewicht erreichen sollen. Doch diese unnatürlich schnelle Zunahme überfordert deren Knochen und Gelenke, weshalb man dann Medikamente zur Entzündungshemmung verabreicht. Außerdem sind die Tiere eines konventionellen Betriebs vor dem Schlachten großem Stress ausgesetzt, was zu Adrenalinschüben führt. Die Folge ist, dass Wasser aus den Zellen ins Gewebe diffundiert und das Fleisch blass und wässrig wird (vgl. Flemmer 2008, S.52). Dies ist der Grund, warum viele Menschen Bio-Fleisch und Bio-Gemüse auch geschmacklich den konventionell hergestellten Lebensmitteln vorziehen (vgl. Palte 2008, online).

Ein Positiver Nebeneffekt ist, dass der ökologische Landbau außerdem die regionale Wirtschaft fördert, da er durch die arbeitsintensivere Landwirtschaft, vor allem bei der artgerechten Tierhaltung, Arbeitsplätze schafft (vgl. Flemmer 2008, S. 171 ff.). Aus dem Blickwinkel des Tier- und Umweltschutzes sollten demnach Bio-Produkte gegenüber den konventionellen Produkten bevorzugt konsumiert werden.

Täglich besuchen ca. eine Millionen Kinder eine Kita. Die Verpflegungssysteme reichen von selbstgekochten Menüs über Küchenbetriebe hin zu Caterern, welche die Menüs anliefern. Angesichts des wachsenden Anteils an Kindern, die schon im Alter von sechs bis acht Jahren an Übergewicht leiden, werden Diskussionen über eine gesunde, ernährungsphysiologisch wertvolle Ernährung immer lauter (vgl. BLE 2009, S. 1). Bisher galt es oft, ein schnelles, einfaches und kostengünstiges Essen herzustellen, bei dem die frischen Zutaten meist zu kurz kamen. Genau hier liegt das Problem: Kinder und Jugendliche können aufgrund des hohen Verarbeitungsgrades mancher Lebensmittel keine Beziehung mehr zwischen dem landwirtschaftlichen Produkt und der fertigen Mahlzeit herstellen. Viele verfügen über keinerlei Ernährungsbildung und –kompetenz, was zu Fehlernährung führen kann. Gerade im Kindergartenalter werden Vorlieben und Abneigungen für bestimmte Speisen und Lebensmittel geprägt, weshalb es wichtig ist, Kindern ein breites Angebot an Speisen zu bieten, bei dem sie möglichst viele Lebensmittel kennenlernen (vgl. BLE 2009, S. 1). Da das Interesse für eine gesunde Ernährung und in diesem Zusammenhang auch für Bio-Produkte in den letzten Jahren stark gestiegen ist, wünschen sich viele Eltern vermehrt eine gute Ernährungsversorgung ihrer Kinder in den Kindertagesstätten. Doch die Mehrkosten für Bio-Produkte stellen oft noch ein Hindernis dar (vgl. BLE und aid 2006, S. 5).

Mit der Kampagne „Bio kann jeder!" will das Bundesprogramm Ökologischer Landbau praxisnahe Wege aufzeigen und Tipps geben, wie man Bio-Lebensmittel auch in Kitas fast kostenneutral integrieren kann. Meist ist es empfehlenswert zunächst einzelne Komponenten auszutauschen und erst nach und nach ganz auf Bio-Produkte umzustellen. Bereits durch den Austausch einzelner Komponenten wird deutlich, dass ein relativ hoher Bioanteil bei nur geringer Kostensteigerung möglich ist (vgl. BLE 2009, S. 1). Bei der Teilumstellung können komplette Bio-Gerichte oder auch nur einzelne Komponenten des Gerichts in Bio-Qualität angeboten werden. Wenn man ein komplettes Gericht in Bio-Qualität anbieten möchte, sollte man jedoch darauf achten, dass vor allem Lebensmittel verwendet werden, die nur einen geringen Preisabstand zu den konventionellen Lebensmitteln haben, wie z.B. Kartoffeln. Durch den regelmäßigen Einkauf von Bio-Produkten kann man ebenfalls Kosten sparen, da für Lieferanten die kontinuierliche Bestellung eine wichtige Grundlage für Kalkulation und Logistik darstellt. Für langfristige und kontinuierliche Belieferungen werden andere Preise kalkuliert, als für kurzfristige Aktionen (vgl. BLE 2009, S. 4).

Durch eine stärkere Ausrichtung des Speiseplans auf regionale und saisonale Produkte können die Kosten für den Wareneinsatz gering gehalten werden, denn Bio-Obst und Bio-Gemüse sind innerhalb der jeweiligen Saison wesentlich preisgünstiger. Vor allem Feingemüse wie Tomaten und Gurken sollten verstärkt in ihrer Erntezeit eingesetzt werden, bei Lagergemüse sind die Preise langfristig stabiler, daher ist dieses Gemüse gut im Winter verwendbar (vgl. BLE und aid 2006, S. 18). Durch die Verringerung des Fleischkonsums und die Verkleinerung der Fleischportionen kann am meisten Geld eingespart werden, da Fleisch oftmals den höchsten Kostenfaktor darstellt. Mit einer durchschnittlichen Reduktion des Fleischanteils um zehn Prozent lässt sich fast die Hälfte des gesamten Mehraufwandes für den Einkauf von zehn Prozent Bio-Produkten kompensieren. Wenn nun der Anteil der vegetarischen Gerichte leicht erhöht wird (drei statt zwei vegetarische Gerichte pro Woche), kann die andere Hälfte kompensiert werden (vgl. BLE 2009, S. 4). Weitere Kosten kann man durch die Optimierung der Speisenmenge sparen, denn häufig sind die Portionsmengen zu groß und es wird viel weggeworfen.

Obwohl vermehrt Bio-Produkte im Lebensmitteleinzelhandel nachgefragt werden, ist der höhere Preis für diese Produkte für viele GV-Betriebe ein Hemmnis zum Kauf, da sie unter einem gewaltigen Kostendruck stehen (vgl. BLE und aid 2006, S. 5). In den nächsten zwei Abschnitten werden zunächst die Kosten, die beim Einsatz ökologischer Lebensmittel in Kitas entstehen, betrachtet und erläutert. Außerdem wird veranschaulicht, wer die Mehrkosten übernimmt.

4.1   Preisbetrachtung biologischer Lebensmittel

Es gibt verschiedene Gründe, die den Mehrpreis ökologisch hergestellter Lebensmittel rechtfertigen. Abhängig von Standort und Pflanzenart liegen die Erträge der Bio-Bauern 20 bis 25 % unter denen des konventionellen Landbaus. Verursacht wird diese Differenz auf der einen Seite durch den Verzicht auf chemische Dünger und Pflanzenschutzmittel, auf der anderen Seite leiden Bio-Landwirte mehr unter ungünstigen Witterungen als konventionelle Landwirte. Auch im Bereich der Tierproduktion sind die Ergebnisse aufgrund der niedrigeren Zahl der Tiere geringer (vgl. BLE, aid 2006, S. 25). Durch den Verzicht auf chemische Mittel wird mehr Personal benötigt, da Unkraut und Schädlinge mechanisch beseitigt werden müssen, wodurch höhere Produktionskosten entstehen. Außerdem ist die Verarbeitung ökologisch erzeugter Produkte aufwändiger, da sie nicht industriell hergestellt werden und sie somit zeit- und arbeitsintensiver sind. Durch die geringeren Produktionsmengen der Bio-Lebensmittel, werden sie weniger effizient vermarktet und transportiert als die konventionellen Lebensmittel, was nochmals eine Preissteigerung mit sich zieht. Doch darf man hierbei nicht vergessen, dass Öko-Lebensmittel genau genommen den "tatsächlichen" Preis besser wiedergeben, als konventionelle. Denn bei der Bewertung der unterschiedlichen Preisniveaus konventioneller und ökologischer Lebensmittel sind zudem die so genannten externen Kosten zu berücksichtigen. Diese entstehen durch die Einrechnung negativer Auswirkungen der intensiven Landwirtschaft auf die Umwelt. So werden z.B. die Folgekosten der Pestizidbelastung von Gewässern und Trinkwasser an den Steuerzahler weitergegeben (vgl. BÖLW 2009, S.37). Der Konsument zahlt folglich indirekt viel mehr für die vermeintlich billigeren Produkte.

In der folgenden Übersicht erkennt man, dass verschiedene Produktgruppen unterschiedliche Preiserhöhungen mit sich bringen. So sind Produkte aus dem Trockensortiment (Nudeln, Reis etc.), sowie Obst und Gemüse kaum teurer als herkömmliche und daher bezüglich der Preisgestaltung gut geeignet im Einsatz der Verpflegung von Kindertagesstätten.

Tabelle 1: Kostenvergleich von verschiedenen Produktgruppen

Ökologisch produzierte Lebensmittel	Mehrpreis der Bio-Produkte im Vergleich zu konventionellen Produkten
Trockensortiment	Selten Mehrkosten, oft sogar preiswerter als in konventioneller Herstellung
Obst und Gemüse	30 – 50 %
Milch- und Molkereiprodukte	40 – 80 %
Fleisch	50 – 100 %

(Quelle: Eigene Darstellung in Anlehnung an: BLE und aid, 2006, S. 17)

Beispielsweise kostet ein Bio-Gericht, bestehend aus Spaghetti mit Gemüsesoße, nur 0,11€ mehr als ein vergleichbares Gericht mit konventionellen Produkten (siehe Anlage 1).

Neben den Mehrkosten für die Lebensmittel können der Kita zusätzliche Kosten in Form von Mehraufwand beim Küchenpersonal entstehen. Insbesondere in der Umstellungsphase von konventioneller auf biologische Lebensmittelversorgung fällt mehr Arbeit für die Küchenleitung an. Zusätzliche Absprachen mit den Lieferanten, Warenkontrollen, Bestellungen und Abrechnungen sind erforderlich und nehmen anfangs viel Zeit in Anspruch. Bei der Gestaltung des Speiseplans müssen die Speisen an das verfügbare Angebot angepasst werden. Nicht alle Bio-Lebensmittel stehen jederzeit wegen ihrer Erntezeit bzw. saisonalen Kostenschwankungen zur Verfügung. Im Vergleich zu konventionellen Lebensmittel sind sie teilweise nicht vorverarbeitet verfügbar, das heißt z.B. nicht geputzt oder geschält, weshalb das Küchenpersonal mehr Zeit für die Herstellung der Gerichte benötigt (vgl. BLE und aid 2006, S. 18).

Gewerbsmäßig betriebene Einrichtungen der AHV, die Bio-Produkte in den Verkehr bringen und als solche kennzeichnen, müssen in Deutschland gemäß Öko-Landbaugesetz am Kontrollverfahren nach den EG-Rechtsvorschriften für den ökologischen Landbau teilnehmen. Die Kosten hierfür liegen zwischen 250 bis 800 Euro. Da Kindertagesstätten jedoch nicht als gewerbsmäßig betriebene Einrichtungen zu betrachten sind, unterliegen sie dieser Kontrollplicht nicht (vgl. ÖGS 2005, S.8).

4.2 Kostenträger des Mehraufwands

Jedem Betrieb entstehen bei der Umstellung auf Bio-Produkte zusätzliche Kosten. Diese hängen jedoch davon ab, wie und in welchem Umfang die Bio-Lebensmittel eingesetzt werden. Die vollständig kostenneutrale Integration von Bio-Produkten in den Speiseplan wird nur in wenigen Fällen möglich sein, doch wie in Kapitel 3.3 beschrieben, gibt es verschiedene Möglichkeiten die Mehrkosten so gering wie möglich zu halten.

Hilfreich ist die stärkere Ausrichtung des Speiseplans auf regionale und saisonale Produkte, denn Bio-Obst und Bio-Gemüse sind innerhalb der jeweiligen Saison wesentlich günstiger. Außerdem ist es sinnvoll zunächst nur einzelne Komponenten in Bio-Qualität zu verwenden, statt vollständige Menüs anzubieten. Hier kann verstärkt auf Sonderangebote zurückgegriffen werden. Wird z.B. Spinat besonders günstig angeboten, kann er als Bio-Gemüsebeilage in den Speiseplan aufgenommen werden. Durch kleinere Fleischportionen und den weniger häufigen Einsatz von Fleisch kann der wichtigste Kostenfaktor reduziert werden. Werden Speisenmenge und -angebot optimiert, das heißt auf den Energiebedarf der Kinder angepasst, können weiterhin ungefähr 10% des Wareneinsatzes eingespart werden, denn oft sind die Portionsmengen zu groß und es wird viel weggeworfen. Auch durch den regelmäßigen Bezug von Bio-Produkten beim Lieferanten kann Geld eingespart werden, denn Kontinuität eröffnet Verhandlungsspielräume (BLE und aid 2006, S. 18).

Werden diese Möglichkeiten zur Reduzierung der Mehrkosten beachtet, halten sich die Mehrkosten für die Speisen in der Versorgung von Kindertagesstätten in Grenzen. Da sich viele Eltern eine gute Ernährungsversorgung ihrer Kinder in den Kitas wünschen, sind sie bereit einen Aufpreis für Bio-Lebensmittel zu zahlen (BLE 2009, S. 1).

Auch der Träger der Kita-Verpflegung kann sich an den Mehrkosten beteiligen, indem er den Zuschuss für die Verpflegungsleistung erhöht. Der Einsatz von Bio-Lebensmitteln von 10 bis 20 Prozent ist in jedem Fall möglich, ohne erhebliche Mehrkosten zu erzeugen (BLE und aid 2006, S. 24).

Mit dieser Hausarbeit sollte hinterfragt werden, ob es möglich und sinnvoll ist, Bio-Lebensmittel in die Versorgung von Kitas zu integrieren. In Kapitel 3.2 wurden Vor- und Nachteile biologisch erzeugter Lebensmittel beleuchtet. Daraus ergibt sich, dass Bio-Produkte einen höheren Gehalt an sekundären Pflanzensoffen haben, die eine antikanzerogene Wirkung haben. Außerdem ist der Schadstoffgehalt nachweisbar niedriger als in konventionellen Produkten. Dies ist wichtig für eine gesunde Ernährung im Kindesalter, denn Pestizid- und Antibiotikarückstände in Lebensmitteln stehen im Verdacht einen negativen Einfluss auf bestimmte körperliche Funktionen zu haben. Es ist sinnvoll nicht nur konventionelle Lebensmittel gegen Bio-Lebensmittel zu ersetzten, sondern die Kinder über den Nutzen dieser ökologischen Lebensmittel aufzuklären und damit ihre Ernährungsbildung in Bezug auf die bessere Qualität und den nachhaltigen Umgang mit Lebensmitteln und der Natur zu fördern. Bio-Produkte sind nicht nur aus gesundheitlichen Aspekten vorteilhaft. Durch die nachhaltige Produktion der Lebensmittel und den geschlossenen betrieblichen Nährstoffkreislauf wird die Umwelt geschont und die Stabilität der Agrar-Ökosysteme erhalten. Außerdem werden im biologischen Landbau die Tiere artegerecht gehalten und man kann durch den Kauf von regionalen Lebensmitteln sogar die heimische Wirtschaft fördern.

Es gibt verschiedene Möglichkeiten die Mehrkosten zu reduzieren. Sinnvoll ist der schrittweise Einstieg mit Produkten, die leicht zu beschaffen sind, einen ähnlichen Verarbeitungsgrad wie die konventionellen Vergleichsprodukte aufweisen und keine neuen Rezepturen erfordern. Werden bei Kalkulation und Beschaffung der Bio-Produkte einige Maßnahmen beachtet, können die Mehrkosten weiter gesenkt werden. Beteiligen sich Eltern und Trägerschaft an den Kosten, steht einer Umstellung auf Bio-Lebensmittel nichts mehr im Weg. Entscheidend für den Einsatz von Bio-Lebensmitteln in der Versorgung von Kitas ist jedoch die Bereitschaft aller Beteiligten, die Mehrkosten und den Mehraufwand zu tragen. Gleichzeitig kann das Wissen, Gutes zu tun, in Bezug auf Gesundheit Umwelt und Nachhaltigkeit, zum individuellen Wohlbefinden beim Lebensmittelkonsum beitragen und so indirekt positive Wirkungen auf die Gesundheit haben. Zusammenfassend ist zu sagen, dass der Einsatz von Bio-Lebensmitteln möglich und sinnvoll ist und in jedem Fall unterstützt werden sollte.

Anhang 1: Rechenbeispiel für ein Kita-Mittagsmenü

Werden in dem hier bestehenden Rezept alle Lebensmittel statt in konventioneller Qualität in Bio-Qualität eingekauft, sonst aber keine Änderungen vorgenommen, erhöht sich der Wareneinsatz (WE) um 36 % bzw. 0,11 Euro pro Portion.

<u>*Spaghetti mit Gemüsesoße:*</u>

Produkt	Menge/ Portion in g	Menge/ 10 Port. in g	Gerichte mit konv. Produkten Preis/kg-Einheit	Preis gesamt	Gerichte mit ökol. Produkten Preis/kg-Einheit	Preis gesamt
Spaghetti	35	350	1,38	0,48	2,18	0,76
Zucchini	50	500	1,29	0,65	2,19	1,10
Porree	30	300	2,97	0,89	2,49	0,75
Möhren	40	400	1,29	0,52	1,69	0,68
Zwiebeln	6	60	0,89	0,05	1,89	0,11
Rapsöl	4	40	2,65	0,11	5,99	0,24
Tomatenmark	2	20	4,95	0,10	4,95	0,10
Gewürze				0,30		0,50
WE gesamt				3,09		4,23
WE Portion				0,31		0,42

(Quelle: BLE 2009, S. 2)

aid 2001, Auswertungs- und Informationsdienst für Ernährung, Landwirtschaft und Verbraucherschutz (Hrsg.), aid Special, Im Trend mit ökologisch und regional erzeugten Lebensmitteln, Umsetzungshilfen für Gemeinschaftsverpflegung und Gastronomie, Bonn 2001.

aid 2008, Auswertungs- und Informationsdienst für Ernährung, Landwirtschaft und Verbraucherschutz (Hrsg.), Essen und Trinken in Tageseinrichtungen für Kinder Bonn 2008.

Belitz, Hans-Dieter, Werner Grosch, Peter Schieberle, Lehrbuch der Lebensmittelchemie, Heidelberg 2008.

Biokost.Info 2007, Bio-Anbauverbände, Quelle: http://www.biokost.info/, Stand: 27.08.2010.

Bio-mit-Gesicht, Woran erkenne ich Öko-Lebensmittel?, Quelle: http://www.bio-mit-gesicht.de/4263.html, Stand: 27.08.2010.

BLE - Bundesanstalt für Landwirtschaft und Ernährung, Bio kann jeder, Bio für unsere Kleinsten: Kindertagesstätten, Bonn 2009.

BLE, aid infodienst, Bio in der Außer-Haus-Verpflegung, Bonn 2006.

BMELV (a) - Bundesministerium für Ernährung, Landwirtschaft und Verbraucherschutz, Bio – Was heiß das?, Was ist ökologischer Landbau? Quelle: http://www.bio-siegel.de/infos-fuer-verbraucher/bio-lebensmittel/, Stand: 23.08.2010.

BMELV (b) - Bundesministerium für Ernährung, Landwirtschaft und Verbraucherschutz, Anhang XI: Eu-Bio-Logo, Quelle: http://www.bmelv.de/cln_182/SharedDocs/Downloads/Landwirtschaft/OekologischerLan dbau/EGOekoVOAnhang11.html;jsessionid=39AE0F512EAA17C9ACEDFCD1C23185 B9, Stand: 26.08.2010.

BMELV (c) - Bundesministerium für Ernährung, Landwirtschaft und Verbraucherschutz, Anhang IV: Höchstzulässige Anzahl von Tieren je Hektar, Quelle: http://www.bmelv.de/cln_182/SharedDocs/Downloads/Landwirtschaft/OekologischerLan bau/EGOekoVOAnhang4.html;jsessionid=39AE0F512EAA17C9ACEDFCD1C23185B9, Stand: 26.08.2010.

Bober, Siegfried, Gemeinschaftsverpflegung im Urteil der Gäste, Meßverfahren, Beurteilungsmerkmale, Meßergebnisse, Schriften zur Oecotrophologie/ Band 4, Hamburg 1990.

BÖLW - Bund Ökologischer Lebensmittelwirtschaft e.V., Nachgefragt: 28 Antworten zum Stand des Wissens rund um Öko-Landbau und Bio-Lebensmittel, Berlin 2009.

Dialogpartner Agrar-Kultur (Hrsg.), Erfolgreicher Einsatz ökologischer Lebensmittel in der Gemeinschaftsverpflegung und Gastronomie, Einkaufen, Anbieten, Vermarkten, Stuttgart 1997.

Flemmer, Andrea, Bio Lebensmittel, Warum sie wirklich gesünder sind, Hannover 2008.

Frühschütz (a), Leo, Kennzeichnung - Woran erkenne ich Bio-Lebensmittel, Quelle: http://www.aid.de/verbraucher/biolebensmittel_kennzeichnung.php, Stand: 26.08.2010.

Frühschütz (b), Leo, Gesundheit - Sind Lebensmittel gesünder?, Quelle: http://www.aid.de/verbraucher/biolebensmittel_gesundheit.php, Stand: 29.08.2010.

Kontrollverein ökologischer Landbau e.V., Kundeninformation zu Kontrollsaison 2010, Verarbeiter Ausgabe Februar 2010, Stand: 26.08.2010.

Kreutzer, Egon W., Erfolgreich Wirtschaften in der Gemeinschaftsverpflegung, Ein Leitfaden für die Praxis, Frankfurt am Main 2003.

Laberenz, Helmut, Christiane Theophile, Christel Reimer, Öko in der Mittagspause, Erfolgreicher Einsatz ökologischer Lebensmittel in der Gemeinschaftsverpflegung, Aachen 2001.

ÖGS - Ökologischer Großküchen Service, Mit einfachen Schritten zum Bio-Zertifikat, Ein Leitfaden für Großküchen und Gastronomie, Frankfurt am Main, 2005.

Ökolandbau 2006, Staatliches Bio-Siegel, Quelle: http://www.oekolandbau.de/service/nachrichten/detailansicht/meldung/staatliches-bio-siegel-bereits-60000-produkte-ausgezeichnet/zurueck-zu/5/, Stand: 27.08.2010.

Palte, Dorothea, Gesund, lecker, Bio?, in: Stern.de, 21.01.2008, Quelle: http://www.stern.de/wissen/ernaehrung/bio-produkte-gesund-lecker-bio-608085.html, Stand: 29.08.2010.

Steinel, Margot, Erfolgreiches Verpflegungsmanagement, Praxisorientierte Methoden für Einsteiger und Profis, München 2008.

Von Koerber, Karl, Thomas Männle, Claus Leitzmann, Vollwert-Ernährung, Konzeption einer zeitgemäßen und nachhaltigen Ernährung, Stuttgart 2004.

Vzfbdww – Verein zur Förderung der biologisch-dynamischen Wirtschaftsweise e.V., Unterschiede der EG-Bio-Verordnung, Bioland, Demeter-Richtlinien, Quelle: http://www.vzfbdww.de/informationen/VergleichEGBiolandDemeter.pdf, Stand: 27.08.2010.

Zobel, Martin, Günter W. Fischer, Ursula Schwericke, Wolfgang Zollfrank, Lexikon Gemeinschaftsverpflegung, Hamburg 2000.